我的第一套视觉百科

雨 林

张功学◎主编

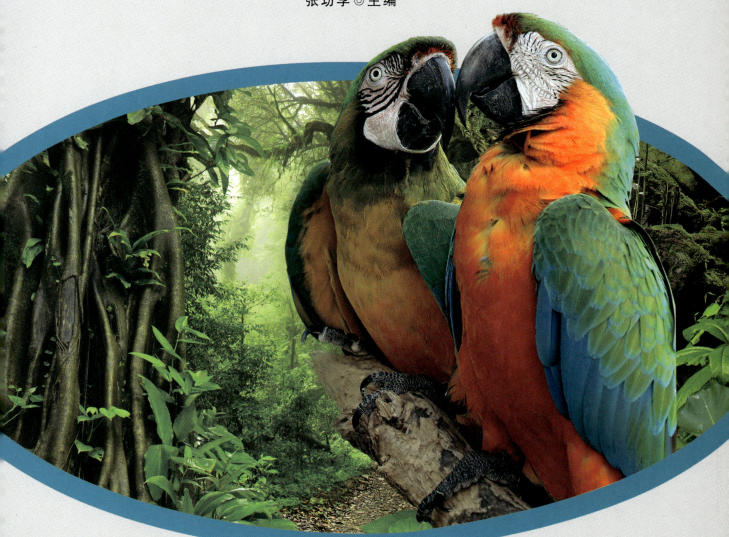

陕西新华出版传媒集团

未来出版社

前言

　　雨林好似一座迷宫，遮天蔽日的大树，又粗又长的藤萝，繁密茂盛的花草……植物为雨林中成千上万种动物提供了食物和庇护所，它们共同组成了神奇的生物天堂。

　　由于雨林对调节全球气候、净化空气有着重要作用，因此它也被称为"地球绿肺"。在这些广袤而神秘的丛林中，每时每刻都上演着生命的奇迹，激烈的生存竞争也无处不在。雨林成为它们优胜劣汰的竞争舞台，生命在这里尽情释放着最大的能量，同时也面临着生死攸关的残酷考验。

　　小朋友们，翻开这本书，和我们一起去领略雨林的神奇之处吧！

目录

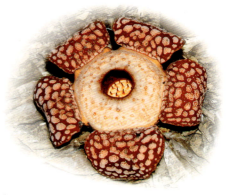

认识雨林

雨林被认为是大自然在地球上的杰作之一，同时也是全球最大的生物基因库。它的盛衰消长不仅反映了自然环境的变迁，而且直接影响着全球环境，特别是人类的生存条件。

景观多样

雨林地区地形复杂，从散布岩石小山的低地平原，到溪流纵横的高原峡谷。多样的地貌造就了多彩的雨林景观。

生物的天堂

雨林湿润的气候保证了植物的快速生长，植物为雨林其他生物提供了食物来源，雨林因此成为动植物的生存乐园。

▲ 热带雨林终年湿度很大，森林上方弥漫着浓浓的水蒸气

▶ 雨林地区气候湿润，物种丰富

不一样的热带雨林

低地热带雨林：分布在热带低地大河流域，终年常绿。

山地热带雨林：分布在热带高山地带，昼夜温差大。

半常青热带雨林：分布在赤道两侧，每年有短暂的旱季，树叶会发黄。

多彩的世界

繁茂的植物让雨林充满绿色，生机勃勃。雨林中还盛开着各色花朵，活跃着各种形态的动物，它其实是五彩缤纷的。

雨林的形成

　　雨林的形成既有自然环境的作用，也离不开生物的影响。在漫长的演化过程中，各种生物繁衍生息，它们与周围环境相互影响，最终形成雨林这样独特的生态系统。

光照条件

　　雨林大多位于赤道附近，这些地区白天的日照时间长，而且日照强烈，充足的光照有利于动植物的快速生长。

地形影响

　　雨林的形成也受一定地形条件的影响。临近海洋和山地的迎风坡上的降雨量往往比较大，这里更容易形成雨林。

▲ 海洋与雨林

▼ 亚马孙雨林

多雨的雨林

　　干旱的撒哈拉沙漠年降雨量仅100毫米左右，而热带雨林位于赤道两侧，年降雨量几千毫米，且全年分布均匀。

雨量保障

植物生长离不开水，沙漠里因为缺水，很少有树木生长，而多雨的雨林自然就成为植物繁盛的天堂。植物多了，来雨林定居的动物也就多了。

生物因素

雨林有着丰富的物种，动植物是雨林真正的主人，它们相互依存、相互影响，构成了雨林这个多姿多彩的生物圈。

3

温和的雨林

提到雨林,可能很多人首先想到的是热带雨林。其实,温带也有雨林。温带雨林大多位于海洋性湿润气候区,那里气候温和、雨水充沛。

气候温和

温带雨林不像热带雨林那样终年高温、湿热,而是冬暖夏凉。这里全年降水分配均匀,雨量充沛。

称霸一方

冷杉和云杉都有浓密的树冠,在温带雨林中,它们的树冠会在雨林上空形成浓荫,遮蔽阳光。生活在下面的小树、灌木因缺少阳光而很难长成大树,所以云杉、冷杉能"称霸一方"。

▲ 冷杉

▲ 加拿大温哥华雨林景观

分布在温带

温带雨林主要分布在温带地区。北半球的美国、加拿大,温带雨林面积宽广;南半球的澳大利亚、新西兰和智利等国家,也有少量温带雨林的分布。

奇异景象

在温带雨林中，苔藓、地衣常常像茸茸的毛毯铺在地上，像厚厚的窗帷挂在枝头，就连雨林中的大雾也好像被它们晕染成了绿纱。

物种较少

温带雨林植物繁茂，但种类不多，乔木以冷杉、云杉为主。动物的种类和数量也不如热带雨林的繁多，且大部分生活在地面。

▶ 驼鹿

湿热的雨林

　　如果我们将热带雨林看作一个大型社区,将雨林中的动物、植物看作这个社区里的居民,那么这个社区将会是地球上最大、最成熟的社区。这不光是因为它大,还因为它的复杂与完整。

树叶异常宽大

　　在热带雨林中,高处的大树会将大部分阳光和雨水挡住。雨林下层的植物为了得到更多阳光,叶片都长得非常大。

湿度大

　　热带雨林雨水充足,一年到头降水分配比较均匀,再加上气候炎热,所以湿度很大。

气候炎热

　　热带雨林大多位于地球赤道附近,这里有强烈的日照,气候炎热,月平均气温一般都在18℃以上,没有明显的四季变化。

树木的王国

温带与寒带森林中，常常一种或几种树木称霸一方。但在热带雨林中，各种树木竞相生长。在一小片范围内，往往很难找到相同的两棵树。

红色土壤

热带雨林地区的土壤多为砖红壤或氧化土，颜色呈红棕或红黄色。这种土壤生成过程很快，土层深厚。

不见天日

热带雨林树木茂密、品种繁杂，各种树木遮天蔽日，使得阳光难以到达地面，所以很少有矮小的灌木生存。

◀ 热带雨林的林冠密不透风

热带雨林气候

全世界热带雨林分布面积宽广，影响范围大，对全球的气候变化有着重要影响。因此，人们在对全球气候按一定标准进行分类的时候，专门提出了一个热带雨林气候类型。

蒸腾

植物都有一个特殊的本领，叫蒸腾。它们会以这种方式让水分从自己的叶子表面以水蒸气的形式散发出去。

气候分布区域

热带雨林气候位于赤道两侧，主要分布在非洲刚果河流域、几内亚湾及马达加斯加岛东岸、南美洲亚马孙河流域、中美洲东海岸、亚洲印度尼西亚和菲律宾等地。

▼ 植物的蒸腾

水从叶面蒸发

根毛吸收水分　　　水通过植物管道运输到叶面

对植物的影响

蒸腾是雨林中的高大树木将水分从根部运输到树冠等高处的过程。蒸腾对于植物而言具有降温，促进水分、矿质养分吸收和转运等作用。

▲ 加蓬的利伯维尔,6月和7月的降水量极少

让空气变得湿热

　　热带雨林林木繁茂,各种植物都能通过自身的叶片进行蒸腾,这会使空气中充满大量水分,让空气变得闷热潮湿。

气候特点

　　湿热的空气带来大量降水,也让雨林所在区域的气候变得高温、湿热、多雨,这就是热带雨林气候的特点。

▲ 雨林地区的午后暴雨天气

影响范围

　　闷热潮湿的空气不仅仅局限在热带雨林中,还会因为空气的流动而影响到周边地区。在全球的影响范围集中在赤道沿线区域。

雨林结构

雨林中的树木经常长得高大茂密，因为植物不计其数，所以从林冠到林下分为几个层次，彼此套迭。由于直射光线很难到达地面，所以森林里越往下越幽暗，越阴森潮湿。

雨林中的"巨人"

高大的乔木是雨林蒸腾作用的主力军，也构成了雨林植被最高处的露生层。它们是雨林竞争中的佼佼者，身高优势让它们享有充足的雨水和阳光。

遮蔽阳光的军团

那些能够形成树冠的植物，其宽大的叶片可以吸收雨林中大部分阳光和雨水，只给下面的植物留下少许阳光，并由此构成了雨林树冠层。

露生层植物

▲ 木棉

木棉的种子

雨林上层林冠中的植物大多靠风来传播它们的种子，比如南美的木棉。这些树会落下附有种子的棉团，棉团能在落地前随风飘动数公里，飘到哪里就在哪里安家。

树冠层植物

幼树层植物

灌木层植物

露生层植物为单独生长的乔木，都长有硕大的板状根

地面层植物

林中的"小矮人"

生长在树冠层下的幼树,只能吸收树冠层漏下的少量阳光和雨水,构成了雨林植被的幼树层。为了生存,只要有一线机会,它们会拼命向上长。

底部的生存者

温带雨林中的灌木层主要生长着蕨类、丛木和灌木,高度多在6~10米,与林中小树不相上下,能适应雨林底部环境。

灌木层植物

▼ 地面层植物

不起眼的成员

地面层指的就是雨林中占据地面的植物,只有0~5米高,主要是小植物,如苔藓和地衣。由于个头矮小,它们常被忽略。

植物和菌类

雨林中花朵爬满藤茎，榕树长着矮墙一般厚实的板根，支撑植物的支柱根独立成树，这些都是植物界绝无仅有的奇异景观。但就植物种类来说，雨林更像一座巨大无比的宝库。

▲ 雨林中独木成林的榕树

乔木

雨林中的乔木不仅高大，而且品种丰富。因为天气长期湿热，雨量大，所以它们能持续生长，并且长得又密又绿。

藤本植物

雨林中有这样一类植物，它们长有缠绕茎或攀缘茎，不能直立，匍匐地面或攀附其他树木生长，这就是藤本植物。

乔木

藤本植物

宽大的树叶

树叶会下雨

热带雨林里的植物叶片都非常大，雷雨过后，叶片上会积聚大量雨水。稍稍有点风，雨水就会落下来，就像下雨一样，热带雨林也因此被称为"会自己下雨的丛林"。

附生植物

　　雨林中会有很多小型植物，它们附着于其他植物体表生长，一般不会掠夺它所附着植物的营养和水分。

水果

　　雨林地区的气候适宜栽种果树。这些水果经过强烈的光照累积了极高的糖分和水分，深受人们的喜爱。

菌类

　　人们熟知的蘑菇便属于菌类，它们没有硕大的身躯和健壮的枝叶，却是森林生态系统中不可或缺的组成部分。

附生植物

雨林中的菌类
　　菌类不能进行光合作用，通常生长在枯枝倒木或已经腐烂的堆积物上。它们形态各异，色彩斑驳，靠分解枯落物腐殖质获取养分为生，是雨林中沉默而庞大的一个群体。

菌类

奇异的兽类

雨林是世界上很多动物的家园,我们现在见到的一些没在雨林中生活的动物,其实有不少都是从雨林中走出来的。我们俗称的兽类,也就是哺乳类,在雨林中的种类和数量也非常可观,而且各具特色。

▲ 蝙蝠

活动规律

在世界各地的雨林中,因为白天比较潮湿闷热,所以雨林中的大多数哺乳动物都在黄昏、夜间或黎明活动。

食蚁兽

食蚁兽是生活在美洲热带雨林中的一种有趣的动物,擅长捕食蚂蚁和白蚁。它们会用前肢扒开蚁穴,再用长舌卷食猎物。

▼ 食蚁兽

蝙蝠

蝙蝠是一种具有飞翔能力的哺乳动物,昼伏夜出。雨林中的蝙蝠常常生活在幽暗密闭的环境里,靠自身发出的超声波来引导飞行。

▶ 猫猴

猫猴

生活在亚洲雨林中的猫猴不是真正的猴子,也不会飞,但因为身上有翼膜,可以借此在林间滑翔。

种子传播者

刺豚鼠、长尾刺豚鼠、无尾刺豚鼠,以及所有和猫大小差不多、基本在夜间活动的啮齿动物,都是热带雨林中重要的种子传播者,它们会将采集来的种子零散埋在森林中的很多地方。

翼膜的作用

猫猴身上的翼膜可将自己从颈部、前臂、后足至尾端都包裹起来。翼膜张开后,猫猴的身体就变成了一个扁平的降落伞形状,让它能轻易地从一个树梢滑翔到另一个树梢。

▲ 刺豚鼠

▶ 红须伶猴

红须伶猴

红须伶猴生活在亚马孙雨林地区,如猫般大小,长有浓密的红须。它们常常成双成对地坐在树枝上,尾巴缠在一起。

▶ 在树枝上休息的两只红须伶猴

爬行和两栖类

爬行动物和两栖动物是雨林中为数不少的常住居民，它们大多生活在森林上部，在树干、树枝间爬行、跳跃。这些动物是雨林里的原住民，既从雨林中获取食物，也在改变着雨林。

能滑翔的爬行类

飞蜥

我们熟知的爬行动物大多只能在地上爬，往往在很小的范围内活动。但生活在南亚、东南亚雨林中的飞蜥，却进化出了可以在树枝间滑翔的翼膜。

◀ 树蛙

住在树上的蛙

在热带雨林中，蛙是数量最多的两栖动物。与那些大多数只生活在水边的温带蛙不同，热带蛙基本上生活在树上。

为什么蛙会住在树上

雨林中的蛙类生活在地面附近的相对较少。由于雨林整体环境湿热，再加上生活在树上更有利于避开天敌，所以喜欢潮湿环境的蛙类会选择住在树上。

装成树藤的蛇

雨林冠层的大多数蛇是蟒蛇或者毒性不大的蛇，通常很少伤害人类。不过这些蛇却有个爱好——喜欢把自己伪装成植物的藤。

大型蜥蜴

鬣蜥是雨林中较大的一种蜥蜴。成年鬣蜥体长约 1.6 米，其中尾部就占了全长的三分之二。

▶ 鬣蜥

版纳鱼螈

在我国云南西双版纳的热带雨林中，至今还分布着许多古老原始的动物种类，版纳鱼螈就是一种原始的两栖动物。

▲ 蟒蛇

多彩的鸟类

热带雨林中的鸟类非常丰富，从微小的蜂鸟到巨大的犀鸟，它们有着各种各样的形态和艳丽的羽毛。有相当多的鸟类都居住在热带雨林中，这里是真正的鸟类乐园。

耀眼的极乐鸟

极乐鸟是世界著名的观赏鸟，它们披着五彩斑斓的羽毛，硕大艳丽的尾翼，腾空飞起时流光溢彩，犹如漫天彩霞。

▲ 极乐鸟

靠声音辨"领地"

雨林冠层中多样的食物来源，使大量的动物在此生存。但由于地面被树叶覆盖，它们分不清各自"领地"的界线，于是大多数动物学会了依靠声音信号来分辨。

鹦鹉世界

南美洲热带雨林里的鹦鹉种类繁多，多以植物果实为食。它们或者翱翔在天空，或者穿行在丛林间，羽毛色彩华丽，非常好看。

▼ 鹦鹉

蜂鸟

南美洲的热带雨林中生活着种类繁多的蜂鸟，它们既能向前后左右飞，又能在空中悬停，这是蜂鸟的飞行绝技。

▲ 蜂鸟

巨嘴鸟

巨嘴鸟最出名的就是它的大嘴，这张大嘴形似大刀，长17~24厘米，宽5~9厘米。虽然嘴很大，却依然能轻松取食。

▼ 巨嘴鸟

大嘴并不重

巨嘴鸟的嘴巴虽然大，但很轻。因为它们的嘴巴不是实心的，而是充满了空气。所以就算长着这个大嘴巴，它们也丝毫感觉不到沉重的压力。

织布鸟巢

生活在非洲热带雨林中的织布鸟是名不虚传的建筑大师。它们的巢是用一根根的草茎和植物纤维，靠着织布鸟自己灵巧的嘴巴织成的，远远看去就像挂在空中的草球。

雨林中的猛禽

在热带雨林中，有一群特殊的鸟类居民，这就是猛禽。说到猛禽，我们总想到翱翔在大草原上空的雄鹰，但事实上，茂密的热带雨林中依然有猛禽出没。

▶ 凤头鹰

食猴鹰

食猴鹰也被称为菲律宾雕，它们生活在东南亚的热带雨林中，捕食猫猴、蝙蝠、蛇、蜥蜴、灵猫、猕猴等动物。因为它们在捕食猴子时非常凶残，所以有"食猴鹰"之称。

◀ 食猴鹰

猛禽的家

雨林中的猛禽往往将自己的巢建在树顶上。而这些树都非常珍贵，因此常常遭到人为的砍伐和破坏，猛禽的生存也随之受到极大的威胁。

凤头鹰

  凤头鹰是东南亚雨林中的一类猛禽，个头比角雕和食猴鹰要小。虽然是猛禽，但凤头鹰并不经常抛头露面，而是藏身在树丛中，非常机警。

▶ 眼镜鸮

眼镜鸮

  鸮是猫头鹰的正式叫法。南美洲的热带雨林中生活着一种叫眼镜鸮的猫头鹰，它们的眼睛周围有一圈显著的白色细羽，看着就像戴着眼镜一样，所以被称为眼镜鸮。

雨林中的秃鹫

  秃鹫也被称为"坐山雕"，属于大型猛禽。南美洲生活的一种秃鹫双翅展开能有三四米，被称为猛禽中的庞然大物。秃鹫虽然身型庞大，但它们很少抓活的猎物，爱吃腐肉。

▶ 秃鹫

▼ 角雕

角雕

  角雕是一种大型猛禽，站起来几乎有成人的一半高。它们长有尖利的钩状喙，强大的爪子展开和人的手掌差不多大，而且抓力强大，能轻而易举地捏碎猎物的头盖骨。

庞大的昆虫世界

　　雨林中的动物种类繁多，以小型、树栖动物为主。这些动物的另一特点就是种类多而单种个体数量少，尤其是昆虫。在热带雨林中，找到一百种昆虫可比找到同种一百只昆虫容易得多。

　　　　　　　　　　　　　　　　行军蚁

大型甲虫

　　泰坦甲虫是目前所知的生活于南美洲亚马孙雨林中最大的甲虫，算上触角的话，泰坦甲虫的长度在20厘米左右。

▲ 泰坦甲虫

形如兰花

　　在密密层层的热带丛林里，在那些艳丽如画的热带兰花之间，常常躲藏着色彩艳丽如花朵的兰花螳螂。

▼ 兰花螳螂

可怕的军团

　　在热带雨林中，有一种能令很多动物闻风丧胆的小东西，这就是行军蚁。它们行动之迅速，声势之迅猛，令人咋舌。

▶ 雨林中的蚁群

蚂蚁众多

　　昆虫可以说是雨林中数量最为庞大、种类最为繁多的群体，蚂蚁更是昆虫中数量最多的成员，全世界的蚂蚁有一万多种，而在热带雨林中的一棵乔木上，就可能发现四十多种蚂蚁。

大蓝闪蝶

亚马孙河流域
的大蓝闪蝶是一种非
常漂亮的蝴蝶。它们有
着炫目的亮蓝色翅膀,能发出金属光泽。如
果有危险靠近,大蓝闪蝶会迅速扇动翅膀,
用闪光来吓退敌人。

华丽的蝴蝶

在亚马孙雨林中生活着地球
上为数众多的蝴蝶,它们色彩异常
艳丽,很多种类的蝴蝶比其他地方
的蝴蝶大。

雨林生态

种类繁多的植物、不计其数的动物、不起眼的微生物，这些生物与雨林环境共同构成了独特的雨林生态系统。它们相互影响、相互依存，并在一定时期内处于相对稳定的状态。

雨林的植物

植物是雨林生态系统中重要的组成部分，它们通过光合作用，在养活自己的同时，也为雨林中其他生物提供了食物和生存家园。

动物居民

动物是雨林的居民，植食动物一方面依赖植物生存，另一方面又成为肉食动物的食物来源，同时它们还是植物种子的传播者。

▼ 雨林中的植物

24

热带雨林中的分层现象并不是一朝一夕就形成的，而是在相当漫长的时间里逐渐演化而成的。这是大自然的杰作，也是生物群落不断演替、相互影响和共同作用的结果。

◀ 雨林生态

循环往复

土壤是植物生长的基础，雨水和光照是必需条件。植物的兴盛繁茂让动物得以繁衍，雨林就这样步入下一个循环。

微生物的分解作用

动物的遗体、排泄物，植物的落叶、朽木，最终都会成为微生物的乐园，它们参与分解，让一切生命又回归土壤。

东南亚雨林

　　东南亚雨林的位置大致在菲律宾群岛、马来半岛、中南半岛东西两侧、印度半岛西缘、恒河下游,这里高温多雨,树木种类相当丰富。

婆罗洲

　　婆罗洲即加里曼丹,是世界第三大岛,分属印度尼西亚、马来西亚和文莱这三个国家。这里地广人稀,属于热带雨林气候,森林覆盖率达到80%。

▲ 印度尼西亚雨林

常见的树种

　　东南亚热带雨林中有高大的乔木棕榈,有长达数百米的省藤,还有龙脑香、漆树等其他热带树种。

▲ 东南亚热带雨林景观

藤中之王

玛瑙藤，又称为竹藤。因为韧性极强，所以被认为是世界上最好的藤，堪称"藤中之王"，是高档藤木家具的首选材料。

▲ 玛瑙藤椅

▲ 玛瑙藤

玛瑙藤产地

玛瑙藤藤条粗壮、匀称饱满、色泽均匀、质地牢固，具有很强的韧性。它主要产自印度尼西亚的热带雨林中，印度尼西亚也是世界上藤材料出口量最大的国家。

大王花

大王花有5片又大又厚的花瓣，每片宽约30厘米，整个花冠呈鲜红色，上面还有点点白斑，有"世界花王"的美誉。它的花心像个面盆，可以盛好几千克的水。

▲ 大王花

马达加斯加雨林

马达加斯加雨林在非洲的马达加斯加岛上,这片雨林中有着数以万计的独特生物,其中很多更是地球上其他地方所没有的。

马达加斯加岛

马达加斯加岛位于非洲东海岸的印度洋上,隔着莫桑比克海峡与非洲大陆相望,是世界第四大岛。

▲ 马达加斯加岛海岸边的雨林

气候条件

马达加斯加岛远离赤道,但因为靠近海洋,水资源充足,再加上有利的地形条件,非常适合雨林的生长。

▶ 马达加斯岛雨林景观

树叶覆盖的地面

热带雨林中的树木多为阔叶树,这些树木的树叶生长期一般在一年以上。阔叶树的叶片老了以后依然会凋落,所以雨林的地面还有落叶覆盖。

◀ 雨林地表

森林绵延

马达加斯加岛上气候炎热潮湿,雨水充沛,土地终年湿润。所以这里的森林四季常绿,宛如大洋上的绿色宝石。

为什么雨林总是绿色的

热带雨林中的阔叶树都是常绿树,不过这并不是说它们会一直保持绿色。只是因为雨林中树木新叶子的长成和老叶的衰败、凋落几乎同时进行,所以雨林看起来总是绿色的。

马达加斯加长尾灵猫

◀ 灵猫

马达加斯加长尾灵猫的鼻子向前突出，身上常有斑块和条纹，一般成年个体体长七八十厘米，是马达加斯加最大的食肉目动物。

树上的温床

雨林中降水充足、空气潮湿，在各种树干枝丫以及树皮裂隙处经常能聚集枯落物，从而形成少许土壤，这成为一些种子的温床。

刚果雨林

非洲刚果盆地的热带雨林茂密,盛产檀香木、红木、花梨木、乌木等名贵树木。刚果雨林大部分位于刚果(金)境内,是非洲最大的雨林。

穿越雨林的刚果河

亚马孙雨林和刚果雨林,两者都是世界上沿着大河流域生成的热带雨林。刚果河就是穿越刚果雨林的最大河流,它是非洲大陆仅次于尼罗河的第二大河。

▲ 刚果雨林

独有的㺢狓

㺢狓是一种有趣的动物,分布于刚果(金)、乌干达等地。它的四肢上半段为紫褐色,有白色条纹,下半段为白色。

灵巧的舌头

㺢狓和长颈鹿有一个相似点,那就是舌头都很长。除了用来吃东西,㺢狓还能用舌头清理眼睛和耳朵。

▲ 㺢狓

倭黑猩猩

倭黑猩猩除了更加苗条外，外貌几乎和黑猩猩没有分别。倭黑猩猩的脑容量比黑猩猩的小。

▼ 倭黑猩猩

食物复杂

倭黑猩猩喜欢群居，每群几只到几十只不等。它们食量很大，吃植物的根、茎、叶、花、种子、果实、皮，有些还吃昆虫、鸟蛋或捕捉小羚羊、小狒狒和猴子等。

亚马孙雨林

亚马孙雨林位于南美洲。雨林横越了南美洲的巴西、哥伦比亚、秘鲁、玻利维亚等国家，是全球最大及物种最多的热带雨林，拥有全世界最为壮观的热带雨林景观。

亚马孙平原

亚马孙平原位于亚马孙河中下游地区，北依圭亚那高原，南靠巴西高原，西临安第斯山脉，东滨大西洋，是世界上最大的低地平原。

雨林植物

松鼠猴

蜂鸟

生物繁多

亚马孙热带雨林蕴藏着世界上最丰富最多样的生物资源，有"世界动植物王国"的美誉。

箭毒蛙

巨嘴鸟

鹦鹉

▶ 亚马孙森蚺

林中巨蛇

亚马孙森蚺是一种粗壮的蛇，栖息于南美洲，为蚺科最大的成员。它们喜欢有水的地方，能吞下鳄鱼。

小巧的狨

狨也叫绢毛猴，体长不足30厘米，体重仅有500克左右，是一种非常小的猴，野生数量稀少。

食人鲳

食人鲳也称食人鱼，原产自亚马孙河流域。食人鲳牙齿锋利，可咬穿20毫米厚的木板；体色鲜艳，是一种观赏鱼类，现已被我国禁止引进及饲养。

▲ 食人鱼

阿拉斯加雨林

阿拉斯加雨林是世界上现存最大的温带雨林。这片狭长壮阔的雨林沿着太平洋海岸，从北部的阿拉斯加州一直延伸到加利福尼亚州，是北美洲最大的温带生物群落。

常绿林海

阿拉斯加雨林占据着海洋和高山之间的狭长地带，随处可见高大、古老的常绿树木，生长着特有的北美云杉。

空气异常清新

阿拉斯加雨林全年平均气温在10℃左右，这里的阳光不如热带雨林地区的充足，但空气却异常清新。

◀ 北美云杉

北美云杉

北美云杉是云杉类中树身最为高大的，可达60米。其木质轻、纹理直，可作为建筑材料，也可用来制作乐器。

降雨充沛

阿拉斯加雨林气候温和湿润,夏季云雾迷漫,冬季风频雨骤。相比热带雨林,这里温度要低得多,但降水依然充沛。

▼白头鹰

雨林邮票
美国邮政 2000 年 3 月发行的太平洋海岸雨林邮票,是"美国大自然系列"的第二组邮票,上面有26 种动植物形象,堪称北美洲动植物的宣传名片。

▼美洲狮

▶美洲棕熊

35

奥林匹克雨林

奥林匹克温带雨林位于美国华盛顿州西北部的奥林匹克半岛上，与美国西部名城西雅图为邻。为了保护陡岩、岛屿、海湾的原始粗犷之美，这里被划入奥林匹克国家公园。

古老乔木

奥林匹克雨林中最令人着迷的景观是全身被苔藓覆盖的古老乔木，它们的树龄大多超过两百年，有些甚至已有近千年。

寄居在树表的苔藓

苔藓

雨林中寄居在树表的苔藓并不需要从树身汲取营养，因为雨林的空气和阳光已经为它们提供了足够的水分和养分。

云杉

云杉是一种高大乔木，树皮为淡灰褐色，常会裂成不规则的鳞片或块状脱落。云杉树干高大笔直，生性耐阴，喜欢干燥而寒冷的气候环境，是一种优良的木材。

生态系统

雨林中土地肥沃、雨量充沛。云杉、铁杉以及菌藻杂长在一起，构成一幅典型的雨林植物图谱。

地形与降水

    奥林匹克温带雨林的形成与奥林匹克山脉关系密切。当湿润的西风从开阔的太平洋吹向奥林匹克半岛时,遇到高大山脉的阻挡而抬升。气流在上升过程中变冷凝结,在迎风坡上形成大量降水。

猫头鹰

罗斯福麋鹿

动物众多

    雨林中除了黑熊和浣熊,还有数千头罗斯福麋鹿,此外还有上百种鸟禽、游隼,以及当地特有的貂、猫头鹰等濒危动物。

黑熊

浣熊

昆士兰雨林

昆士兰雨林位于澳大利亚东北海岸，是一大片潮湿的森林。在这里，崎岖的山路、湍急的河流、深邃的峡谷、白色的沙滩、郁郁葱葱的植被，构成了一副令人难以忘怀的美景。

危险的鸟类

食火鸡是一种危险的鸟类，它有着致命的犀利鸟喙，脾气暴躁，行为难测，受伤时尤其危险。

适宜环境

昆士兰雨林的环境特别适合于不同种类的植物、袋鼠以及鸟类共存，同时也给那些稀有的濒危动植物提供了良好的生存条件。

特有的食火鸡

食火鸡又称鹤鸵，是一种大型、不能飞的鸟类。食火鸡害怕日光，所以它们会在早晨与晚上外出觅食，以果实、树芽为主。

国家公园

为了保护这片澳大利亚最大的雨林，政府已在这里建起了数个国家公园及雨林保护区。

▲ 昆士兰国家公园景观

桫椤

　　桫椤也叫刺桫椤、树蕨，是一种古老的木本蕨类植物，有"蕨类植物之王"的美誉。

古老的物种

　　昆士兰雨林植物类型极其丰富，保存着世界上最完整的地球植物进化记录，拥有世界上最古老的树种和原始开花植物种群。

▲ 昆士兰雨林景观

研究意义

　　桫椤树形美观，叶如凤尾，枝繁叶茂，遮天蔽日，形成壮美的景观。作为一种古老的生物种类，它对研究古生物进化历史有着重要意义。

利用与破坏

热带雨林是世界上物种丰富、结构复杂、植物类型多样、生态现象特殊的自然群落。它在为人类所利用的同时，也成为目前受破坏速度最快的森林类型。

贫瘠的土壤

热带雨林中的土壤虽富含铝、铁等氧化物，但其他一些矿物质却很容易流失。另外，由于有机物分解很快，能迅速被饥饿的树根和真菌吸收。所以，这里的土壤其实并不肥沃。

源于雨林的作物

人类的许多主要农作物如玉米、甘蔗等都起源于热带雨林，此外还有很多以独特风味而出名的热带水果也来自热带雨林。

菠萝蜜

香蕉

甘蔗

对人类的贡献

雨林中的光合作用强烈、生物循环旺盛、生物生长迅速。在人类生活中，雨林是人类获取生物资源的巨大宝库，但并非取之不尽用之不竭。

酸雨的危害

人类频繁的生产活动所形成的酸雨会让雨林中的植物遭受重创，与此同时也会酸化土壤，这些将导致雨林迅速衰退。

开发和移民破坏

在南美洲亚马孙河流域，人类的开发和移民活动正在让那里的原始丛林遭受前所未有的破坏，大片雨林变成贫瘠的荒地。

人类的影响

三千多年前非洲部分热带雨林的突然消失，除了气候因素外，人类的影响也不容忽视。而今，人类的森林采伐、交通运输、难民迁徙等活动，对森林的影响比以前更大。

保护雨林

热带雨林的破坏，不仅会导致环境恶化和水土流失，更使大量动植物数量减少，甚至灭绝，因为它们彼此之间已形成了十分复杂的依存关系。若不加紧对雨林进行保护，它们将会很快从我们的眼前消失。

▶ 雨林探险

事关整个生物圈

几千年前，热带雨林在地球上的面积要远远超过今天。雨林植被一旦被毁，整个生态系统就会陷于崩溃。

奇异的植物

热带雨林湿热的气候环境孕育了丰富的物种和多样的植物类型。有的花形态怪异，有的似花非花，有的花果一体，无法区分。世界上最大的花、最小的花、最怪的花、最美的花都藏匿于雨林之中。

◀ 奇异的热带雨林植物

与人类相关

人类与其他生物之间有着极其密切的依存关系。雨林一旦消失，物种间的平衡关系就会被打破，灾难将会降临到人类头上。所以说，保护雨林就是保护人类自己。

保护手段

保护热带雨林是目前全球关注的话题。自 1970 年以来，建立国家公园和自然保护区已经成为保护雨林的最主要、最有效的手段。

▶ 自然保护区里的动物

发展旅游业

热带雨林地区无明显的季节区分，四季宜人，冬可避寒、夏可避暑，人们还可以体验最原始的生活。旅游业将成为热带雨林新的经济产业。

可持续利用

人类离不开热带雨林，人们需要利用热带雨林，只要在热带雨林的承受范围内进行开发，热带雨林是可以更新和永久利用的。

艰巨的任务

在马来西亚的热带雨林里做的调查研究表明：要保护头盔犀鸟这个种群，至少需要保留 500 只个体，以及 100 平方千米的雨林。

▲ 头盔犀鸟

图书在版编目（CIP）数据

我的第一套视觉百科. 雨林 / 张功学主编. -- 西安：
未来出版社，2018.5
ISBN 978-7-5417-6594-0

Ⅰ. ①我… Ⅱ. ①张… Ⅲ. ①科学知识—少儿读物②
雨林—少儿读物 Ⅳ. ①Z228.1②S718.54-49

中国版本图书馆 CIP 数据核字（2018）第 094937 号

我的第一套视觉百科

WO DE DIYI TAO SHIJUE BAIKE

雨林

YULIN

主　　编　张功学
丛书统筹　魏广振
责任编辑　雷露深
美术编辑　许　歌
出版发行　陕西新华出版传媒集团　未来出版社
地　　址　西安市丰庆路 91 号　邮编：710082
电　　话　029-84288458
开　　本　889 mm × 1194 mm　1/16
印　　张　3
字　　数　60 千
印　　刷　陕西思维印务有限公司
版　　次　2018 年 7 月第 1 版
印　　次　2018 年 7 月第 1 次印刷
书　　号　ISBN 978-7-5417-6594-0
定　　价　19.80 元